Florian Gramlich

Kombination von Werkstoffeigenschaften durch Verbundwerkstoffe

GRIN Verlag

Bibliografische Information der Deutschen Nationalbibliothek:

Die Deutsche Bibliothek verzeichnet diese Publikation in der Deutschen National-
bibliografie; detaillierte bibliografische Daten sind im Internet über http://dnb.d-
nb.de/ abrufbar.

Dieses Werk sowie alle darin enthaltenen einzelnen Beiträge und Abbildungen
sind urheberrechtlich geschützt. Jede Verwertung, die nicht ausdrücklich vom
Urheberrechtsschutz zugelassen ist, bedarf der vorherigen Zustimmung des Verla-
ges. Das gilt insbesondere für Vervielfältigungen, Bearbeitungen, Übersetzungen,
Mikroverfilmungen, Auswertungen durch Datenbanken und für die Einspeicherung
und Verarbeitung in elektronische Systeme. Alle Rechte, auch die des auszugsweisen
Nachdrucks, der fotomechanischen Wiedergabe (einschließlich Mikrokopie) sowie
der Auswertung durch Datenbanken oder ähnliche Einrichtungen, vorbehalten.

Impressum:

Copyright © 2005 GRIN Verlag GmbH
Druck und Bindung: Books on Demand GmbH, Norderstedt Germany
ISBN: 978-3-640-86260-3

Dieses Buch bei GRIN:

http://www.grin.com/de/e-book/60933/kombination-von-werkstoffeigenschaften-
durch-verbundwerkstoffe

GRIN - Your knowledge has value

Der GRIN Verlag publiziert seit 1998 wissenschaftliche Arbeiten von Studenten, Hochschullehrern und anderen Akademikern als eBook und gedrucktes Buch. Die Verlagswebsite www.grin.com ist die ideale Plattform zur Veröffentlichung von Hausarbeiten, Abschlussarbeiten, wissenschaftlichen Aufsätzen, Dissertationen und Fachbüchern.

Besuchen Sie uns im Internet:

http://www.grin.com/

http://www.facebook.com/grincom

http://www.twitter.com/grin_com

Kombination von Werkstoffeigenschaften durch Verbundwerkstoffe

Seminararbeit

im Rahmen des Seminars im Wintersemester 2005/06 zum Thema

Innovative Werkstoffe und ihre Bedeutung

Vorgelegt am Institut für Physikalische und Chemische Technologie
der Universität Mannheim

Von

Florian Gramlich

Mannheim, 24. Oktober 2005

Gliederung

1 Definition und Einführung in die Verbundwerkstoffe

Um den Themenkomplex der Verbundwerkstoffe besser zu verstehen ist es zunächst notwendig zu definieren was darunter zu verstehen ist. Eine **Definition** lautet: „Ein **Verbundwerkstoff** wird aus verschiedenen Stoffen gefügt, und ist entsprechend der Werkstoffdefinition, be- und verarbeitbar. Abzugrenzen davon ist der **Werkstoffverbund**, der dann vorliegt, wenn mehrere Werkstoffe zu einem Bauteil verbunden wurden."[1]

Wie aus der Grafik zu ersehen ist, erscheinen die Übergänge fließend. Eine Unterscheidungsmöglichkeit liegt darin, dass „Werkstoffverbunde Makroskopisch inhomogen und Verbundwerkstoffe makroskopisch quasihomogen"[2] sind. Um die Eigenschaften den jeweiligen Gegebenheiten anzupassen werden Materialteilchen in Form von Kurz- bzw. Langfasern oder Partikeln in die Matrix eingebracht. Dabei

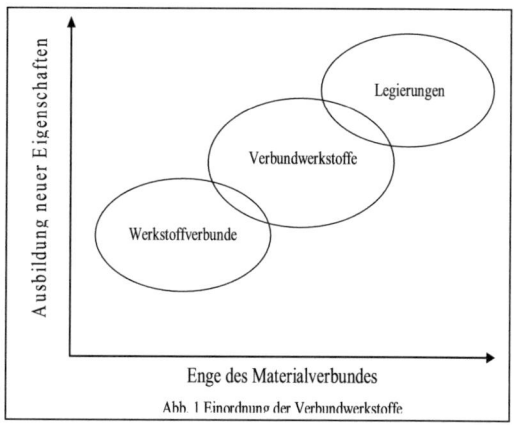

Abb. 1 Einordnung der Verbundwerkstoffe

können alle Komponenten organisch oder anorganisch, aus Metall, Kunststoff oder gar Keramik sein und in nahezu beliebiger Kombination verwendet werden.

„Häufig werden **Langfasern** in die Matrices eingebettet deren gute Kraftübertragung die Eigenschaften des Verbundwerkstoffes hinsichtlich Festigkeit und Steifigkeit verbessern.[3] Für die Spannungsübertragung ist die Haftung zwischen Matrix und Fasern eminent wichtig."[4] „**Partikel** dienen seltener der Anpassung dieser Faktoren, sie werden oft als Füllstoffe verwendet um z.B. bessere Verarbeitbarkeit oder eine Änderung der thermischen und elektrischen Eigenschaften zu erreichen."[5]

---

[1] Vgl. Gobrecht, Jürgen: „Werkstofftechnik Metalle", München 2001, S.249
[2] Siehe Roos, Eberhard / Maile, Karl: "Werkstoffkunde für Ingenieure", Berlin 2004, S. 305
[3] Vgl. Roos, E. / Maile, Karl: "Werkstoffkunde für Ingenieure" S.306
[4] Vgl. Michaeli / Wegener: "Einführung in die Technologie der Verbundwerkstoffe", Aachen 1990, S. 71
[5] Vgl. Roos, E. / Maile, K.: "Werkstoffkunde für Ingenieure" S.307

Da hier kein umfassender Blick auf die Verbundwerkstoffe vermittelt werden kann, liegt der Fokus dieser Arbeit auf einer Auswahl der Materialien aus denen Matrices üblicherweise bestehen; *Kunststoffe*, *Metalle* und *Keramiken*.

2 Die Komponenten der Verbundwerkstoffe

2.1 Kunststoffmatrices

Die relativ leichte, wirtschaftliche Herstellung sowie die vielfältigen Anwendungsmöglichkeiten sorgen für einen sehr hohen Verbreitungsgrad dieser Materialien. Deshalb nimmt diese Gruppe hier eine bevorzugte Stellung in der Industrie ein.

2.1.1 Verwendete Materialien und deren Eigenschaften

„Häufig wird den *Duroplasten* der Vorzug gegeben. Verwendet werden Phenolharz, Polyesterharze und Epoxidharze."[6]. Einmal in Form gebracht und ausgehärtet können sie thermisch oder mechanisch nicht mehr umgeformt werden ohne sie zu zerstören. „Duroplaste besitzen eine große Wärmeformbeständigkeit die mit größer werdender Poro-sität einhergeht. Die Folgen sind eine verbesserte Arbeitsaufnahme und Chemikalienbe-ständigkeit, aber auch eine verringerte Bruchdehnung."[7]

„Dieser notwendige Kompromiss führte zu der Überlegung *Thermoplaste* als Matrices zu nutzen, die gegenüber den Duroplasten Vorteile wie z.B. hohe Bruchdehnung, gute Medienbeständigkeit und Schweißbarkeit aufweisen."[8] Ein weiterer großer Vorteil gegenüber den Duroplasten ist die Möglichkeit ihre Form auch nach der Herstellung später noch zu verändern ohne dass sie ihre Eigenschaften verlieren. Trotz der Steigerung ihrer möglichen Einsatztemperaturen sind sie den Duroplasten in dieser Hinsicht allerdings auch weiterhin unterlegen.

Damit wird klar, dass die Auswahl des Materials genau auf den Einsatzbereich abgestimmt sein muss. Diese richtet sich nach den Vorgaben des Entwicklers bezüglich Einsatztemperatur, benötigte Schlagfestigkeit, Korrosionsbeständigkeit, usw.. Nicht zuletzt ist sie auch von den verfügbaren Mitteln abhängig, so dass nicht immer das technisch beste Material verwendet wird, sondern ein Kompromiss geschlossen werden muss. Durch die Einlagerung von Fasern oder Partikeln können die Eigenschaften des gewählten Kunst-stoffes den Gegebenheiten angepasst werden. Diese in den Kunststoff eingebetteten Fasern können aus

[6] Vgl. Roos, E. / Maile, K.: "Werkstoffkunde für Ingenieure" S.307
[7] Vgl. Michaeli / Wegener: "Einführung in die Technologie der Verbundwerkstoffe", S. 65
[8] Vgl. Michaeli / Wegener: "Einführung in die Technologie der Verbundwerkstoffe", S. 67,68

verschiedensten Stoffen wie z.B. Metallen, Keramiken und synthetischen Stoffen bestehen. In Kunststoff-Faserverbunden werden i.d.R. nur anorganische Fasern wie Kohlenstoff- und Glasfasern verwendet. Partikelverstärkungen sind eher selten.

Abb. 2 zeigt die Eigenschaften verschiedener Fasern im Vergleich. Alle **Kohlenstoffasern** (in CFK für Carbon-Faserverstärkter Kunststoff) haben eine hohe Steiffigkeit und Festigkeit aufzuweisen. Allerdings besitzen sie auch eine sehr geringe Bruchdehnung, die das Material stoßempfindlich macht. „Um ein hohes Maß an Steifigkeit zu erlangen

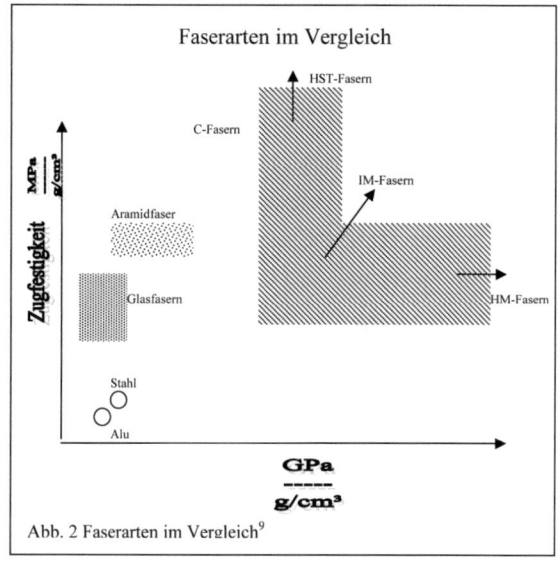

Abb. 2 Faserarten im Vergleich[9]

wurden HM-Fasern (High Modulus) entwickelt, die aber eine nur geringe Bruchdehnung besitzen. Das andere Extrem bilden, mit wesentlich höherem Arbeitsaufnahmevermögen aber einer geringeren Steifigkeit, die HST-Fasern (High Strain and Tanacity). Einen Kompromiss stellen die IM-Fasern (Intermediate Modulus) dar. Eine bemerkenswert Eigenschaft des Materials ist der negativen Wärmeausdehnungskoeffizient in Faserrichtung."[10]

Glasfasern (in GFK für **Glas**Faserverstärkter **K**unststoff) sind extrem widerstandsfähig gegenüber chemischen Einflüssen aller Art. Durch die Einbringung verschiedener Zusatzstoffe bei der Herstellung können deren Eigenschaften gezielt verändert werden.

„Hochfeste **synthetische Fasern** (hier am Beispiel des Aramids) haben ein hohes Energieaufnahmevermögen und eine gute Schlagbeanspruchbarkeit bei geringem Eigen-gewicht. Die Aramidfaser ist flammfest und selbstlöschend. Eingegrenzt wird ihr Einsatz durch eine Empfindlichkeit gegenüber Druck und Feuchtigkeit."[11]

---

[9] Vgl. Michaeli / Wegener: "Einführung in die Technologie der Verbundwerkstoffe", S. 54
[10] Vgl. Michaeli / Wegener: "Einführung in die Technologie der Verbundwerkstoffe", S. 57
[11] Vgl. Michaeli / Wegener: "Einführung in die Technologie der Verbundwerkstoffe", S. 58, 59

2.1.2 Anwendungen und Herstellung der Kunststoffverbundwerkstoffe

Durch die relativ leichte und kostengünstige Herstellung haben Kunststoffverbunde alle Bereiche des Lebens erobert. In der Architektur, Automobil- und Schiffsbau, bis hin zur Luft- und Raumfahrt werden diese Materialen verwendet. So findet man **CFK Teile** aufgrund ihrer extrem hohen Steifigkeit und des sehr geringen spezifischen Gewichts vor allem in Luft- und Raumfahrt (Fluggastzellen, Flügel) und in anderen Bereichen, in denen der Baustoff diesen Anforderungen genügen muss (z.b. Cockpits in Rennautos). **GFK Teile** werden aufgrund ihrer Preisgünstigkeit z.b. für die Herstellung von Großtanks, und kleineren Bootsrümpfen verwendet Besonders in der Autoindustrie findet man es in der Massenfertigung von z.b. Stoßfängern. Auch in der Bauindustrie werden solche Teile eingesetzt. (z.B. Carportbedachungen).

„Bauteile mit **synthetischen Fasern** (speziell Aramide) sind aufgrund ihres hohen Energieaufnahmevermögens prädestiniert für ballistische Schutzausrüstung, schlag- bzw. stoßbeanspruchte Teile und Einsätze in sicherheitsrelevanten Bereichen"[12]

Partikel können eingesetzt werden um die Widerstandfähigkeit des Kunststoffs gegen äußere Einflüsse zu steigern (z.b. Ruß als Schutz vor UVStrahlen).

Um die Fasern in die Matrix einbetten zu können werden unterschiedliche **Verfahren** angewandt. Hier sollen einige exemplarisch vorgestellt werden.

„Beim **Handlaminieren** wird auf eine Form eine Reinharzschicht aufgebracht, die verhindert dass sich die Faserstruktur am fertigen Teil abzeichnet (sog. Gelcoat). Oft wird ein Polyesterharz als Matrix aufgebracht und dann die Faserverstärkung in Form von Matten per Hand eingearbeitet und so lange wiederholt, bis die gewünschte Materialstärke erreicht ist. Dieses Verfahren eignet sich für die Herstellung komplexer Teile in kleinen Stückzahlen. Da es nicht möglich ist die Fasern exakt zu orientieren, können so keine Hochleistungsbauteile hergestellt werden."[13]

„In der **Prepregverarbeitung** werden ausschließlich Prepregs (bereits mit Harz getränktes Faserzeug) genutzt. Diese Prepregs werden manuell oder maschinell mit der gewünschten Faserausrichtung in eine Form gelegt und mit den vorhergehenden Lagen durch andrücken verbunden. Zur Aushärtung wird dieses Laminat bei hohen Temperaturen unter hohem

---

[12] Vgl. Michaeli / Wegener: "Einführung in die Technologie der Verbundwerkstoffe", S. 58, 59
[13] Vgl. Michaeli / Wegener: "Einführung in die Technologie der Verbundwerkstoffe", S. 20

Druck verpresst. Wird ein Autoklav verwendet, können auch komplizierte Teile in höchster Qualität hergestellt werden, was dieses Verfahren zum Standard in der Luft- und Raumfahrtindustrie gemacht hat um großflächige, qualitativ hochwertige Teile, wie z.b. Seitenleitwerke von Flugzeugen, zu fertigen."[14]

2.2.3 Chancen und Auswirkungen der Kunststoffverbundwerkstoffe

Preiswerte Herstellung und eine lange Erfahrung mit Kunststoffverbundmaterialien sind eine exzellente Ausgangsbasis für deren weitere Verwendung. Die vielfältigen Anwendungen von Kunststoff haben zu großer Erfahrung und Akzeptanz im Umgang damit geführt. Die **Massenproduktion** reduziert Kosten, was wiederum zu vermehrtem Einsatz führt. Die wirtschaftliche Verwendung von Kunststoffverbunden wird auch weiterhin dafür sorgen, dass diese Materialien in allen Bereichen des Lebens wiederzufinden sein werden. Ein Ingenieur musst theoretisch nur noch Anforderungen stellen die dann, in gewissem Rahmen, von Kunststoffentwicklern umgesetzt werden. Neben Brennbarkeit, Bruchdehnung und spezifischem Gewicht kann nahezu alles beeinflusst werden. Einzig hohe Entwicklungskosten und extreme Einsätze (z.B. in Hochtemperaturbereichen) stehen dem entgegen. In den Mittelpunkt des Interesses rückt immer mehr der **ökologische** Aspekt des Materials. Wie bereits erwähnt können Matrices aus Duroplasten später nicht mehr zerstörungsfrei umgeformt werden. Es ist also nicht möglich Bauteile aus diesen Stoffen zu recyceln. Bei Thermoplasten dagegen besteht diese Möglichkeit. Weiter ist zu sagen, dass hier das Prinzip des Leichtbaus gefördert wird, was sich wiederum günstig auf den Energieverbrauch von Autos und Flugzeugen damit auf die Umweltbelastung auswirkt

2.2 Metallmatrices (Metal Matrix Composites)

2.2.1 Verwendete Materialien und deren Eigenschaften

„MMCs werden eingesetzt um Eigenschaften wie Temperaturbeständigkeit, höhere Zähigkeit, Härtbarkeit zu nutzen."[15] „Bei der ausschließlichen Verwendung von metal-lischen Komponenten wird meist versucht die Härte des spröden Metalles mit der Zähig-keit des weichen Metalles zu verbinden"[16]. Als Matrixmetalle werden u.a. **Stähle** genutzt, die bei steigender Härte zunehmende Sprödigkeit aufweisen. Besonders an Schneid-werkzeuge werden aber ständig steigende Ansprüche gestellt, die „normaler" Stahl nicht mehr erfüllen kann. Es können z.b. Bohr- oder Aluminium-**Fasern** eingelagert werden, die die Zähigkeit

[14] Vgl. Michaeli / Wegener: "Einführung in die Technologie der Verbundwerkstoffe", S. 29, 30
[15] Vgl. Roos, E. / Maile, K.: "Werkstoffkunde für Ingenieure" S.314
[16] Vgl. Fischer, Ulrich (Leiter AK): Europa Lehrmittel „Fachkunde Metall", Haan-Gruiten, 1996, S. 335

erhöhen sollen. Da Stähle jedoch häufig von sich aus ausreichend zäh sind ist diese Form des Verbundwerkstoffes eher selten zu finden.

Neben der Möglichkeit der Faserkomponenten gibt es auch die oft genutze Option **Partikel** einzulagern. Dadurch wird zwar nicht die Festigkeit erhöht, es werden aber andere Eigenschaften verbessert. **Keramikeinlagerungen** werden verwendet, die sich durch höhere Härte und Abriebfestigkeit auszeichnen. Bei **Graphitteilchen** wird die geringe Gleitreibungszahl des Graphits genutzt.

2.2.2 Anwendungen und Herstellung der Metallverbundwerkstoffe

Speziell zu nennen sind hier die Schneide- oder Spanwerkzeuge bei denen sowohl eine hohe Härte zum Bearbeiten des Produkts als auch eine gewisse Zähigkeit und damit auch eine höhere Lebensdauer als bei „reinen" Stählen gefordert wird.

Bei Schneidewerkzeugen aus Stahl werden **Keramikkomponenten** verwendet, die aufgrund ihrer höheren Härte und Abriebfestigkeit längere Einsatzzeiten unter erhöhten Anforderungen (Geschwindigkeit, Arbeitstemperatur) ermöglichen. Die überaus harten aber auch bruchgefährdeten Keramikteilchen übernehmen dabei zum großen Teil die „Schneidarbeit" während die relativ flexible Stahlmatrix die mechanischen Druck- und Zugkräfte aufnimmt und eine Beschädigung des Werkzeugs verhindert. „**Graphitteilchen** haben eine niedrige Grenzflächenscherfestigkeit gegenüber den angrenzenden zwischenmolekularen Schichten im Werkstoff. Durch die gegenläufige Bewegung zweier Flächen wird der Schmierstoff freigesetzt und bildet einen Feststoffschmierfilm mit geringer Gleitreibungszahl. Dadurch können z.B. Lager in hochagressiven Umgebungen eingesetzt werden, wo eine Schmierung durch andere Stoffe nicht oder kaum möglich ist (z.B. in radioaktiver Umgebung oder unter Wasser). Auch als Feststoffschmierstoffe gebräuchlich sind MoS_2 und WS_2"[17] Dies führt zu erhöhter Lebensdauer und Zuverlässigkeit solcher Bauteile. Verwendet werden solche Lager in Maschinen die aufgrund von ungünstigen Umständen nur unter großem technischem Aufwand gewartet werden können, oder die auch unter extremen Bedingungen längere Zeit zuverlässig funktionieren müssen. „**Faserverstärkung** wird genutzt wenn Bauteile hergestellt werden sollen, die bei Verwen-dung eines isotropen Metalls eine ungünstige Form aufweisen würden. So setzt z.B. die Anwendung isotropen Stahls bei Bau eines Hochdrucktanks eine Kugelform voraus. Kann dagegen anisotropes Material verwendet werden ist es durch die Faserverstärkung möglich Behälter zu entwi-

---

[17] Vgl. Technisches Handbuch deva.metal®, Federal Mogul Deva GmbH

ckeln, die sowohl hohen Drücken standhalten, als auch andere technisch sinnvollere For-
men haben können."[18]

Verfahren zur Herstellung von MMC-Werkstoffen :

Da auch hier eine Vielzahl von Herstellungsprozessen existiert, soll im Rahmen dieser
Arbeit ebenfalls nur auf einige exemplarische Verfahren eingegangen werden.

Mittels des **Sinterverfahrens** werden Partikel in den Werkstoff eingebracht. Dabei wird
Metall, oder eine Legierung, gepulvert (etwa durch Schmelzeverdüsung) und mit einem
Bindemittel (z.b. Wachs), das einen ersten Zusammenhalt gewährleisten soll und im Ver-
lauf der Sinterung verdampft, gemischt. Ebenso erfolgt die Zugabe der einzulagernden Partikel. Das so entstandene Gemenge wird in unter hohem Druck in einer Form verdichtet.
Dabei kann der Grad der Verdichtung genau kontrolliert und damit die Porosität des Bau-
teils gesteuert werden. Diese kann auch erwünscht sein (z.b. bei Metallfiltern). Nach ein-
gehender Prüfung wird der sog. „Grünling" in den Sinterofen verbracht. Dort wird der
Grünling auf etwa ¾ seiner Schmelztemperatur erhitzt. Die angestrebte Festigkeit entsteht
durch das Diffusionsschschweißen bei dem die Korngrenzen der Pulverteilchen mitei-
nander verschweißen. Das Volumen ändert sich bei diesem Vorgang kaum.[19]

Die Herstellung von MMCs durch **Gasdruckinfiltration** wird durchgeführt indem eine
Vorform, d.h. eine Pulverschüttung, oder ein poröses Material gemeinsam mit dem Mat-
rixmaterial im Vakuum aufgeheizt wird. Nach dem Erreichen der Infiltrations-temperatur,
die in der Regel etwas über der Schmelztemperatur der Metalllegierung liegt, wird ein Gas
(z.B. Argon) in den Autoklav eingelassen, das die Metallschmelze zwischen die Matrix
drückt. Anschließend erstarrt das infiltrierte Material unter Druck.[20]

Nach Roos Maile gehören diese Prozeduren zu den **direkten Verfahren**.

Indirekte Verfahren zeichnen sich dadurch aus, dass bei ihnen die Fasern während der
Herstellung des Verbundwerkstoffes erzeugt werden. So wird z.B bei der Verwendung
duktiler Faserwerkstoffe drahtförmiger Faserwerkstoff in den röhrenförmigen Matrixwerkstoff gesteckt. Anschließend wird durch Umformen und Diffusionsglühen daraus der

[18] Vgl. Michaeli / Wegener: "Einführung in die Technologie der Verbundwerkstoffe", S. 79
[19] Vgl. Gobrecht, J.: „Werkstofftechnik Metalle", S.237, 238
[20] Vgl. LKR ARC Leichtmetallkompetenzzentrum Ranshofen GmbH,
http://www.lkr.at/98780294d37a3c027de859ad18146423.html, 21.10.2005

Manteldraht hergestellt. Dieser wird warm- oder kaltverformt, wobei eine homogene Matrix entsteht. Die starke Abnahme des Querschnitts führt dazu, dass die Drähte zu feinen Fasern verformt werden.[21]

Im Fall der Herstellung von **lokal begrenzt verstärkten Metallmatrices** werden aus einem Pulvergemisch aus Ni, Ti und B Pellets gepresst die vor Gießbeginn auf den Boden der Gießform aufgelegt werden. Beim Eingießen des flüssigen Stahles läuft im Kontaktbereich zwischen dem Stahl und den Pellets eine Synthese ab, deren Ergebnis ein fester Verbund zwischen der Stahloberfläche und einer aus den Pellets heraus entstehenden TiB_2 Beschichtung darstellt. Die Verschleißfestigkeit der TiB_2 Beschichtungen ist mehr als doppelt so hoch wie die verschleißfester Chromstähle.[22]

Ein ähnlicher Effekt kann auch durch eine Oberflächenbehandlung erzielt werden. Dabei wird reines oder mit AlSi vermengtes SiC auf ein Aluminiumbauteil aufgebracht (in Form von Pulver oder pastenförmig) und dann in einer inerten Atmosphäre durch einen Laserstrahl mit der Oberfläche des Trägerwerkstoffes verschmolzen. Dieses sog. **Laserstrahldispergieren** kann besonders dann angewendet werden, wenn es gilt die Oberfläche von Werkstücken einfacher Geometrie partiell zu verstärken.[23]

Die **Bearbeitung der MMC's** gehört zwar nicht zu den Herstellungsverfahren soll jedoch nicht unerwähnt bleiben, da die beabsichtigt hohe Widerstandfähigkeit der MMC's große Probleme bei der endgültigen Formgebung nach sich zieht. „Untersuchungen haben gezeigt, dass mit zunehmender Härte der eingelagerten Partikel der Werkzeugverschleiß ansteigt. Daneben wirken sich auch der Matrixwerkstoff und die Größe der Verstärkungspartikel auf den Werkzeugverschleiß aus. Für die Bearbeitung einer Aluminiumlegierung mit Kurzfaserverstärkung sind aufgrund der geringen Härte der Kurzfasern alle Schneidstoffe wirtschaftlich einsetzbar. Bei SiC-partikelverstärkten Aluminium dagegen müssen bereits Hartmetalle mit grober und mittlerer Körnung, Diamantbeschichtungen auf Substraten aus Hartmetall und Siliziumnitrid, oder PKD (polykristalliner Diamant) zum Einsatz kommen. Zur Bearbeitung von mit BorCarbon-Partikeln verstärkten Aluminiums ist

---

[21] Vgl. Roos, E. / Maile, K.: "Werkstoffkunde für Ingenieure" S.315

[22] Vgl. Wang, Jiang, Ma, Wang, Zhao: „Zeitschriftenaufsatz: Advanced Engineering Materials", 2005 http://fachliteratur.fiz-technik.de/2005/12/20050304129.html

[23] Vgl. Wielage, B. / Matthes, K.-J. „Abschlussbericht: Verfahrensentwicklung zum Laserdispergieren von Si-Hartstoffen an Aluminiumlegierungenzum partiellen Verschleißschutz", Juni.2005 http://www.dvs-sh.de/fv/neu/vorhaben/vorhabeninfo/122/SB_13.596B.pdf, S. III

11

aufgrund der sehr hohen Härte dieser Partikel nur der Einsatz von PKD sinnvoll. Auch bei Aluminium das mit extrem harten SiC Partikeln verstärkt ist, kann mit PKDbeschichteten Werkzeugen der Verschleiß im Vergleich zu normalen Hartmetallwerkzeugen bedeutend reduziert werden."[24]

2.2.3 Weitere Aussichten der MMC Verwendung:

Die Entwicklung von MMC's steht erst am Anfang Ihrer Geschichte. Dennoch können bereits einige Schwerpunkte für die Verwendung dieser Verbundwerkstoffe genannt werden. Es handelt sich hierbei hauptsächlich um den Einsatz in kritischen, verschleißintensiven oder sicherheitsrelevanten Bereichen. Aufgrund ihrer den „normalen" Metallen und Legierungen überlegenen Eigenschaften bei geringerem spezifisches Gewicht kann davon ausgegangen werden, dass sie sich einen festen Platz in der Werkstoffpalette der Industrie auch in Zukunft sichern werden können.

Dennoch bleibt die Herstellung von MMC's sehr aufwändig und kostenintensiv. Dies wird wohl eine rasche Verbreitung dieser Technologie, wie die des Kunststoffsektors, verhindern und ihre Anwendung auf wenige exklusive Einsatzbereiche, wie den hochpreisigen Automobilsektor und die Luft- und Raumfahrt, beschränken.

2.3 Keramikmatrices

2.3.1 Keramikmaterialien und ihre Eigenschaften

Keramik als Werkstoff hat eine jahrtausendealte Tradition, wurde allerdings nicht zur Herstellung von Werkzeugen genutzt, sondern zur Aufbewahrung und Zierde. Sie konnte keinen großen Belastungen ausgesetzt werden, da sie sehr spröde war und schnell brach. Dafür war sie, im Gegensatz zu Metall, recht einfach herzustellen, die erforderliche Rohstoffe (Ton und Holz für das Brennen) waren leicht beschaffbar und Lebensmittel konnten darin haltbar gelagert werden da sie Geruchs- und Geschmacksneutral war. Im Rahmen dieser Arbeit soll speziell auf Keramiken eingegangen werden die heute technisch genutzt werden. Technische Keramiken ertragen sehr gut hohe Temperaturen und i.d.R. auch hohe Druckbelastungen. Um aber auch größeren Zugbelastungen widerstehen zu können, muss sie mit Fasern verstärkt werden. Es kann zwischen den Oxid- und den Nichtoxidkeramiken

---

[24] Vgl. ISF-Projekt: Spanende Bearbeitung von partikel- und faserverstärkten Leichtmetallen
   http://www.x-technik.com/cgi/beitraege.pl?beitragid=916&plattformid=62), 19.11.1997

unterschieden werden. Wichtigster Vertreter der **Oxidkeramiken** ist neben Titanoxid (TiO$_2$) das Aluminiumoxid (Al$_2$O$_3$).

Abb. 3 zeigt einen Vergleich der möglichen Schnittgeschwindigkeit verschiedener Keramiken im Vergleich zu Schnellarbeitsstahl. „Keramiken sind härter, verchleißfester und wärmebeständiger, allerdings auch spröder als Hartmetalle und daher in der Zerspanungsmechanik für Fertigungen mit unterbrochenem Schnitt, wie er beim Fräsen gezwungenermaßen auftritt, nur bedingt geeignet. Die Vorteile der Schneidkeramiken liegen in der hohen Härte und der Warmfestigkeit sowie der hohen

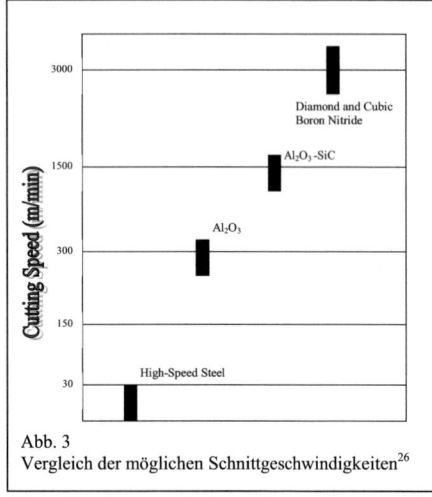

Abb. 3
Vergleich der möglichen Schnittgeschwindigkeiten[26]

chemischen und korrosiven Beständigkeit auch bei hohen Temperaturen (Einsatzbereich bis > 1000°C). Nachteilig wirken sich die geringe Zähigkeit und die geringe Toleranz gegenüber raschen Temperaturwechseln aus (Oxidkeramik springt bei schlagartiger Abkühlung, z.b. durch Kühlschmiermittel). Je nach verwendetem Oxid und Herstellungsverfahren haben Oxidkeramiken thermische Eigenschaften vom Isolator bis zum guten Wärmeleiter."[25]

„**Nichtoxidkeramiken** zeichnen sich gegenüber den Oxidkeramiken durch höhere kovalente und geringere ionische Bindungsanteile aus. Dies ergibt, bedingt durch die starken Bindungsenergien, hohe chemische und thermische Stabilität, Härte und Festigkeit, jedoch gleichzeitig auch geringe Duktilität und recht hohe Sprödigkeit. Technisch bedeutende Nichtoxidkeramiken sind unter anderem Siliziumnitrid, Siliziumcarbid und Aluminiumnitrid."[27]

„Als Verstärkung der Keramikmatrices und Erhöhung ihrer Duktilität werden neben Kurz- und Langfasern auch Whisker (nadelförmige Einkristalle) und Platelets (plättchenförmige Einkristalle) verwendet. Die faserverstärkten Matrices besitzen eine hohe Festigkeit und

---

[25] Vgl. Artikel „Oxidkeramik", http://de.wikipedia.org/wiki/Oxidkeramik, 11.07.2005
[26] Vgl. Wötting, Gerhard, „Hochleistungskeramik in der industriellen Praxis und Entwicklung-Eine Erfolgs-story ?" in Bremer Universitäts-Gespräche, Neue Keramik: Aufbruch in Biospähre und Nanowelt, 30., 31.10.2003, S. 48, Abb. 5
[27] Vgl. Artikel „Nichtoxidkeramik", http://de.wikipedia.org/wiki/Nichtoxidkeramik

Steifigkeit auch im Hochtemperaturbereich, sowie u.a. ein pseudoplastisches Bruchver-
halten. Dabei sind die technisch wichtigsten Verbindungen kohlenfaserverstärkte Kohlen-

stoffe, sog. CFC's (C-Faser-
verstärkte C-Körper), kohlen-
stoffaserverstärktes Siliziumcarbid (C/C-SiC) und silizium-
karbidfaserverstärktes Silizi-
umkarbid (SiC/SiC).[28] In Abb.
4 wird die Temperaturwider-
standsfähigkeit von C-faserver-
stärkter Keramik mit der an-

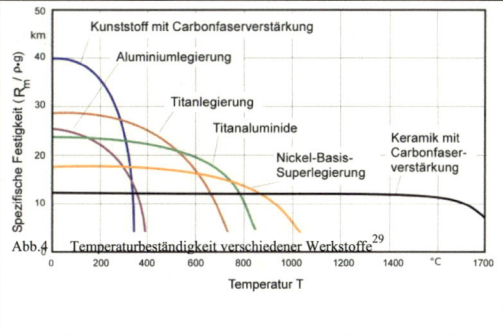

derer Werkstoffe verglichen. Deutlich wird die Beibehaltung der Festigkeit über einen
Temperaturbereich hinweg, der deutlich größer als bei anderen Stoffen ist.

3.3.2 Anwendungen und Herstellung der Keramikverbundwerkstoffe

Aufgrund ihrer hervorragenden Widerstandsfähigkeit gegen Hitze werden Keramiken in
Hochtemperaturbereichen eingesetzt, in denen andere Materialien ihre Belastungsfähigkeit
bereits verloren haben (z.b. Einspritzdüsen in Hochleistungsmotoren, Hitzeschilde für
Raumsonden und Spaceshuttles). Aber auch in weniger spektakulären Bereichen wie Gleit-
und Lauflager können sie durch ihre extreme Abriebfestigkeit eingesetzt werden

Beispiele für Verfahren zur **Herstellung von Keramikverbundwerkstoffen** sind:

die **Sinterung**: Die in Pulverform vorliegenden Ausgangsmaterialien werden zunächst
durch Hilfstoffe (z.B. Wachs, Alkohole) gebunden, in Form gepresst und dann gesintert.
Der Vorgang entspricht dabei grundsätzlich der Sinterung von Metallen.

das **Flüssigsilizierverfahren:** „Zunächst wird ein ein C/C Basiswerkstoff (C-Fasern in C-
Matrix) mit Epoxidharz hergestellt und anschließend bei 800°C – 1300°C geglüht. Es entsteht ein poröses Bauteil mit einer C-Matrix. Im evakuierten Raum wird nun über den
Schmelzpunkt hinaus erhitztes Silizium eingeleitet. Der Kontakt mit der C-Matrix bewirkt
die Bildung von SiC in den Kapillarwänden. Anschließend geschieht eine Korngrenz-

[28] Vgl. Roos, E. / Maile, K.: "Werkstoffkunde für Ingenieure" S.316
[29] Vgl. *Heidenreich, Bernhard* "Faserverstärkte Keramik für Hochtemperaturanwendungen"
      http://www.st.dlr.de/BK/knowhow/ceramic/entry.html
[30] Vgl. Roos, E. / Maile, K.: "Werkstoffkunde für Ingenieure" S.317

diffusion von Si Atomen durch das entstandene SiC. Dieses Verfahren ermöglicht die wirtschaftliche Herstellung großer Bauteile in kurzer Zeit."[30]

3.3.3 Zukünftige Einsatzmöglichkeiten von Keramiken:

Obwohl Keramiken seit Jahrtausenden bekannt sind, stehen Forschung und Entwicklung noch am Anfang. Aufgrund ihrer herausragenden Wärme- und Abriebbeständigkeit sind Keramiken bereits heute in vielen Anwendungen wie Hochleistungsbremsscheiben, und als Hitzeschild in der Raumfahrt zu finden. Doch damit sind die Möglichkeiten der Keramiken nicht erschöpft, sie bieten die Möglichkeit dauerhaft eine biologische Komponente in einen Werkstoff bereits bei dessen Herstellung zu integrieren. „So können aus diesen sog. **bioceren Keramiken**, ausgestattet mit bestimmten Bakterien, effektive und hoch selektive Schwermetallfilter, hergestellt werden, die die Wasser- und damit die Lebensqualität in belasteten Gebieten bedeutend erhöhen können"[31] Die Möglichkeiten der technisch nutzbaren Keramiken sind noch nicht vollständig zu überblicken.

3 Weitere Aspekte der Verbundwerkstoffe und Entwicklungstendenzen

Die Entwicklung der Verbundwerkstoffe ist eine noch relativ junge. Die hier liegenden Chancen sind so vielfältig, dass eine Grenze der nicht abzusehen ist. Obwohl die Natur voll von Beispielen ist, steht die Entwicklung von Verbundwerkstoffen, verglichen mit den Möglichkeiten, erst am Anfang. „Knochen bestehen z.b. aus einem Verbund von organischen (ca. 35% Kollagen) und anorganischen (ca. 65% Hydroxylapatit) Bestand-teilen, der sehr gute Fähigkeiten zur Lastaufnahme besitzt."[32] Ähnlich verhält es sich mit den Chitinpanzern der Insekten. Die sich ergebenden Optionen sind manigfaltig und werden nur durch die mangelnde Vorstellungskraft des Menschen beschränkt. Durch sta-bilere Materialien, die dennoch leichter sind, wird die Sicherheit von Fahr- und Flugzeugen erhöht, der Kraftstoffverbrauch gesenkt. Verbundwerkstoffe haben so einen direkten Ein-fluss auf unsere Umwelt und uns selbst. Nun ist es, zumindest in Ansätzen, möglich die Werkstoffe der Natur, als beste Entwicklerin von allen, nachzubauen und zum Wohle der Menschen einzusetzen. Hier kann eine interdisziplinäre Zusammenarbeit zwischen Materialwissen-

---

[31] Vgl. Pompe, Wolfgang, „Biogene Keramik – mit Genom- und Proteom-Forschung zu neuen Werkstoffen" in Bremer Universitäts-Gespräche, Neue Keramik: Aufbruch in Biosphäre und Nanowelt , S. 58 ff.
[32] Vgl. Pompe, Wolfgang, „Biogene Keramik – mit Genom- und Proteom-Forschung zu neuen Werkstoffen" in Bremer Universitäts-Gespräche, Neue Keramik: Aufbruch in Biosphäre und Nanowelt, S. 62

schaft und Bionik wertvolle Dienste leisten. Es liegt an den Forschern und Entwicklern das gewaltige Potential nutzbar zu machen und sinnvoll umzusetzen

4 Literaturverzeichnis

Fischer, Ulrich (Leiter AK): Europa Lehrmittel „Fachkunde Metall", Haan-Gruiten, 1996

Gobrecht, Jürgen: „Werkstofftechnik Metalle", München, 2001

Heidenreich, Bernhard "Faserverstärkte Keramik für Hochtemperaturanwendungen" http://www.st.dlr.de/BK/knowhow/ceramic/entry.html., o.O, o.J

Michaeli / Wegener: "Einführung in die Technologie der Verbundwerkstoffe", Aachen 1990

O.V. ISF-Projekt: Spanende Bearbeitung von partikel- und faserverstärkten Leichtmetallen http://www.x-technik.com/cgi/beitraege.pl?beitragid=916&plattformid=62, o.O., 19.11.1997

O.V. LKR ARC Leichtmetallkompetenzzentrum Ranshofen GmbH, http://www.lkr.at/98780294d37a3c027de859ad18146423.html, Ranshofen, Österreich, 21.10.2005

O.V „Nichtoxidkeramik", http://de.wikipedia.org/wiki/Nichtoxidkeramik., o.O., o.J

O.V „Oxidkeramik", http://de.wikipedia.org/wiki/Oxidkeramik, o.O., 11.07.2005

O.V. „Technisches Handbuch deva.metal®", Federal Mogul Deva GmbH http://www.deva.de, Stadtallendorf, 2003

Pompe, Wolfgang, „Biogene Keramik – mit Genom- und Proteom-Forschung zu neuen Werkstoffen" in: Bremer Universitäts-Gespräche, Neue Keramik: Aufbruch in Biospähre und Nanowelt, Bremen, 30., 31.10.2003

Roos, Eberhard / Maile, Karl: "Werkstoffkunde für Ingenieure", Berlin,2004

Wang-Hui-Yuan; Jiang-Qi Chuan; Ma-Bao-Xia; Wang-Yan; Zhao-Feng Zeitschriftenaufsatz: Advanced Engineering Materials, http://fachliteratur.fiztechnik.de/2005/12/20050304129.html, Jilin Univ, Changchun, CN, ISSN 1438-1656;ISSN 1527-2648

Wielage, B. / Matthes, K.-J. „Abschlussbericht: Verfahrensentwicklung zum Laserdispergieren von Si-Hartstoffen an Aluminiumlegierungenzum partiellen Verschleißschutz", http://www.dvs-sh.de/fv/neu/vorhaben/vorhabeninfo/122 /SB_13.596B.pdf, S. III, Chemnitz, 13.06.2005

Wötting, Gerhard, „Hochleistungskeramik in der industriellen Praxis und Entwicklung-Eine Erfolgs-Story ?" in Bremer Universitäts-Gespräche, Neue Keramik: Aufbruch in Biospähre und Nanowelt, Bremen, 30., 31.10.2003